图书在版编目（CIP）数据

甲虫的战袍 / 爬虫著. -- 上海：少年儿童出版社，
2024. 11. --（多样的生命世界）. -- ISBN 978-7-5589-
1980-0

Ⅰ. Q969.48-49

中国国家版本馆 CIP 数据核字第 2024TU1269 号

多样的生命世界·萌动自然系列②

甲虫的战袍

爬 虫 著

萌伢图文设计工作室 装帧设计

黄 静 封面设计

策划 王霞梅 谢瑛华

责任编辑 赵晓琦 美术编辑 施喆菁

责任校对 黄亚承 技术编辑 陈钦春

出版发行 上海少年儿童出版社有限公司

地址 上海市闵行区号景路 159 弄 B 座 5-6 层 邮编 201101

印刷 上海雅昌艺术印刷有限公司

开本 787×1092 1/16 印张 2.5 字数 9 千字

2025 年 1 月第 1 版 2025 年 1 月第 1 次印刷

ISBN 978-7-5589-1980-0/N·1303

定价 42.00 元

本书出版后 3 年内赠送数字资源服务

上海科普
Shanghai Science
Popularization

上海市科委科普项目资助
（项目编号：23DZ2302700）

多样的生命世界 ○ 萌动自然系列 ②

甲虫的战袍

○ 爬 虫 / 著

> 我是动动蛙，欢迎你来到"多样的生命世界"。现在，就跟着我一起去甲虫的王国游历一番吧！

密码：dydsmsj#Coleoptera

少年儿童出版社

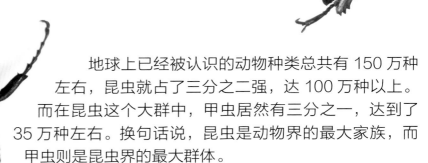

这就是甲虫

地球上已经被认识的动物种类总共有 150 万种左右，昆虫就占了三分之二强，达 100 万种以上。而在昆虫这个大群中，甲虫居然有三分之一，达到了 35 万种左右。换句话说，昆虫是动物界的最大家族，而甲虫则是昆虫界的最大群体。

甲虫本身体壁坚硬，身体外面有一层坚硬的"皮"——几丁质的外骨骼。它的前翅在演化过程中逐渐角质化，最终变成了坚硬的鞘翅。所以，在分类上，科学家把它们归入了一个特别的组——鞘翅目。如今大家说起甲虫，指的就是昆虫纲中鞘翅目的成员。

自然瞭望台

去小·程序探寻甲虫触角的奥秘

触角与复眼

甲虫的触角变化多端，有丝状、棒状、锯齿状、彬齿状、念珠状、鳃叶状和膝状等，分为多节。大多数种类的眼睛是复眼，有圆形、椭圆形或肾形等，非常发达。

身体有三段

昆虫一般由头、胸、腹三段组成。头部有一对触角、一双眼睛和一个口器。甲虫属于昆虫，它的身体当然也是这样的。

翅膀长两对

甲虫的前翅因角质化变成了坚硬的鞘翅，后翅折叠后就藏在鞘翅下。鞘翅同时还把腹部遮蔽了起来。两边鞘翅的基部之间，会露出一块三角形的小盾片。

六足分两边

触角不是一根线，复眼里的小眼数不清！

昆虫的胸部分为前、中、后三节，每一节的两侧都有一对足，一共有三对六只足。甲虫也是如此。当然，这些足的数量虽然相同，功能却是各尽其妙的。

水陆空全面出击

昆虫是世界上分布最广的动物，而鞘翅目又独占鳌头，成为昆虫纲中分布最广的一个类群。无论是森林草原、荒漠洞穴，还是高山温泉、沼泽滩涂，到处都有甲虫的身影。它们可以上天入地，也可以潜入水中，在各种环境中都能悠然自得。

潜入地下

在自然界中，有些动物被称为食腐动物，比如大名鼎鼎的秃鹫。甲虫中也有这样的生态好汉，比如埋葬虫。一听这个名字你就知道了，它们是能干的清道夫。

在食用动物尸体的时候，埋葬虫不停地用一对前足来挖掘尸体下面的泥土。这样一边吃一边挖，最后自然而然就把尸体埋到了地下，这可是它们的"储备口粮"呢！

龙虱吃掉了我们很多孩子，我与你不共戴天！

游在水里

水里也有甲虫，龙虱是人们最熟悉的一个，有的地方也叫它"水蟑螂"。在水里，龙虱异常凶猛，它们捕食掉到水里的其他虫子，甚至会联合起来攻击比它们大很多的鱼和蛙。龙虱不仅会游泳，也会潜水，离了水后还能飞，活脱脱一个昆虫界的武林高手。

飞到空中

同鸟类一样，昆虫也过着"立体"的日子。其中，甲虫凭借藏在鞘翅下面的那一对膜翅，占据了一大片低空领域。夏日阳台上不期而至的金龟子，夜晚树林里悄然起舞的萤火虫，都是善于飞翔的甲虫。

总有一处是我家

五花八门的甲虫虽然有上天入地的本领，但最舒服的当然还是在天地之间，寻找一处安静隐蔽的所在，不愁吃喝地过日子。好在它们对生活的要求不太苛刻，因此总能找到一个如愿匹配的环境。

花甲总科的成虫总是围着花吃吃喝喝，当然，它们在做"采花大盗"的同时，也为植物传授花粉。

对叶甲总科的成员来说，植物的根、茎、叶、花等，都是它们的食物，不管是成虫还是幼虫，都以植物为家，以植物为生。让全世界的马铃薯不得安生的大害虫——马铃薯甲虫，就是叶甲总科的一员。

在落叶下

步甲不善于飞行，通常在地表爬行。不过，步甲"步行"的速度很快，还很善于挖掘隧道。步甲昼伏夜出，白天躲在落叶层中或者废木料下，晚上出动捕食，蚯蚓、蜘蛛等小动物都是它们的猎食对象。

在衣橱里

皮蠹总科甲虫的癖好比较古怪，它们常常藏在衣橱里，啃咬衣物，不但吃皮革，也吃蚕丝，还会吃人们储藏的腌制品。博物馆里制作标本的技师利用皮蠹的这一天性，让它们去啃食没有弄干净的骨骼标本。只需几天工夫，骨头就像被洗过一样干干净净。

在粪堆间

屎壳郎总与粪球为伍，不过，它们可是大自然生态系统的"优秀清道夫"哦！

吃屎也要挑挑拣拣。屎壳郎最喜欢吃什么动物的屎？屎壳郎最喜欢的是营养丰富的屎，这样肉食动物和杂食动物的粪便就是首选。不过，草食动物拉屎多，可以满足屎壳郎对大量粪便的需求。

五彩斑斓的战袍

古代的将士们上战场，战袍的花样可真不少，有的笨重，有的飘逸，也有的色彩艳丽。不过，跟甲虫的鞘翅一比，人类的战袍根本拿不出手。

圣诞甲虫亮闪闪

这一身珠光宝气，真让人羡慕啊！

金龟科中的圣诞甲虫产于澳大利亚，大多浑身金光闪闪，配以黄色、绿色或者棕色的鞘翅，那一身金属光泽，简直让人看直了眼。

多变荆树金龟甲，通常以一身绿甲出现，但在环境变化时，也会改变为红色和蓝色，堪称甲虫界的变色龙。

被称为黄金圣诞甲虫的金荆树金龟甲，乍一看可真像是一件由黄金打造的精美艺术品呢！

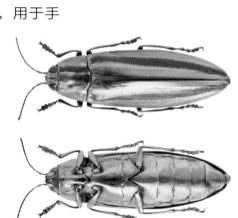

昆虫爱好者将吉丁虫称为"Jewel Beetles"，即"宝石甲虫"。也难怪，吉丁虫的全身都闪耀着绚丽的光泽，在不同角度的光线照耀下，变换着斑斓的色彩，如同宝石般璀璨夺目。

金缘凹头吉丁甲的鞘翅色如翡翠，即便在死后，也会被人们收集起来，用于手工艺品的装饰。

桃金吉丁，在不同角度的光线照射下，它的体表颜色变化多端，灿烂如彩虹，因此又被称为彩虹吉丁虫。

09

花式百变的鞘翅

除了色彩斑斓，甲虫吸引人的还有鞘翅本身的花样繁多。大家耳熟能详的花大姐——瓢虫，就有一对特别的圆弧形鞘翅，点缀着或黑或红或黄的斑点，很是醒目。

动动蛙笔记 ▶

象鼻虫的硬甲

象鼻虫，是不是很像一个漂亮的小球？一部分象鼻虫的后翅退化，不能飞行，于是前翅两边干脆闭合，使得背甲有了超高的硬度。博物馆在制作这种象鼻虫标本时，有时不得不动用电钻呢！

天生艺术家

多姿多彩的叶甲，又称金花虫。

加拿大卡丽叶甲，黑白两色在鞘翅上呈现出浓郁的艺术气息，仿佛是来自遥远星球的神秘符号。

虹金叶甲，鞘翅上如彩虹般分布着红色、青色和紫色条纹，一闪一闪亮晶晶，如天上的星星般让人着迷。

你的外表确实很有现代派的艺术气息！

半翅目来客

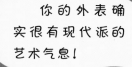

请看这位背上的图案，那可不是画家画上去的，而是自然形成的。它不是鞘翅目的成员，但相比鞘翅目却一点儿也不逊色。它的名字叫毕加索盾蝽，是半翅目蝽科的一员。

假面舞会

看到毕加索盾蝽的时候，你的脑海中是不是闪过"这是一个面具"的念头？一点也不错，半翅目中除了毕加索盾蝽，金绿宽盾蝽、人面蝽等也是"扮鬼脸"的高手。金绿宽盾蝽的"嘴角"微微上扬，"含笑"的"眯眯眼"让人见了忍俊不禁，相比之下，人面蝽就有点"严肃"得"一本正经"了，它的"大鼻子"真是太滑稽了！

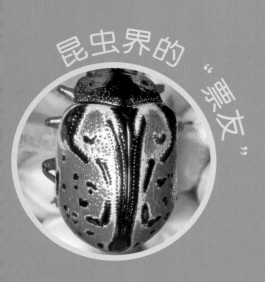

昆虫界的"票友"

很多鞘翅目甲虫的模样是极好的面具，依样画葫芦戴上它参加假面舞会，效果绝对出彩。叶甲科成员中有不少这样的"滑稽面孔"，比如脸谱卡丽叶甲。

其实脸谱本来就起源于面具，在戏剧表演时，艺术家将某些图形画在脸上，以表达某种特定的观念或表情。中国的传统戏曲京剧，就对某一类型的角色有一种大概的认知，久而久之"角色脸谱"应运而生。

让我们见识一下不同角色的甲虫脸谱，这些脸谱充满喜怒哀乐，散发着昆虫界的味道和戏曲界的底蕴。

瞧瞧它们，还真是有鼻子有眼呢！

动动蛙笔记 ▶ 甲壳虫乐队

英国有一个摇滚乐队，因为主唱约翰·列侬喜欢昆虫，所以打算为乐队取名"Beetles"。不过他们玩了一个小游戏，把"Beetles"改成了"Beatles"，发音没变却有了节奏"beat"的含义，这就是人们所熟知的甲壳虫乐队。

"大力士" 长戟大兜虫

　　长戟大兜虫是世界上最长的甲虫，成虫的体长一般在 10 厘米左右，最长的可达 18 厘米。它不仅是世界上最大的甲虫之一，还是甲虫中的大力士，可以拉动相当于自身体重 300 多倍的物体。长戟大兜虫的背鞘大多呈淡黄色，而它的"长戟"——长长的头角以及胸角，则多为黑色。

　　长戟大兜虫的故乡在热带雨林，它们的幼虫躲在落叶或朽木下的泥土里，成虫则以树液或者成熟的果实为生。

大力神

长戟大兜虫的拉丁学名叫作"*Dynastes hercules*"，种加词"*hercules*"竟然取自希腊神话中大力士赫拉克勒斯的名字。可想而知，昆虫学家也为它的力大无穷所折服呢！

小犀牛

长戟大兜虫在分类上属于犀金龟这个家族，整个家族的成员有 1000 多个，大多数种类的雄虫看着就像一头头小犀牛。独角仙也是这个家族的知名成员，而长戟大兜虫的体形更在其中鹤立鸡群。

甲虫变小了

如今身长十几厘米的甲虫就被唤作大个子了，其实在恐龙时代之前，甲虫的体长可以达到三四米，听起来有点匪夷所思吧。

引进须慎重

15

作为外来物种，长戟大兜虫会对本地生态系统造成不可估量的影响，所以大家千万不能私自引进哦！

听说你以前是个超级大家伙？

不是我，那是我们的祖先。在前辈面前，我只能算是娇小玲珑。

"壮士" 大扁锹

　　这一位的名字叫作"中华大扁锹"，在中国是一个广布性的种类。大扁锹长得黑不溜秋的，雄性大个子的身长一般在 6~7 厘米，大颚发达；但是雌性和还没长大的雄性没有明显的大颚。由于大扁锹的模样相当英武刚猛，而且既常见又好养，因此，不少甲虫初级爱好者会首选它作为宠物。但是，你得小心它的大颚，那是它的"秘密武器"。要是被这两个大钳子夹住手指，想摆脱可得花一番工夫了。

脚上有倒钩

　　饲养大扁锹时，一些经验不足的爱好者会因为害怕而紧紧地掐住大扁锹的"脖子"，却常常被它的六只脚偷袭得手，甩也甩不掉。千万注意，大扁锹的脚上长着倒钩呢！

吃素的勇士

　　刚猛的大扁锹并不是掠食者，而只是一个吃素的家伙。成虫喜欢用脚上的倒钩把身体固定在树上，吸食树液或采食成熟的果实。幼虫则栖息在朽木之中，吃发酵的木屑。

六脚别朝天

　　饲养大扁锹时，除了要为其提供适当的环境和食物外，不要忘了给它准备一段木头。因为笨拙的大扁锹有时会不慎六脚朝天，如果没有可供借力的"道具"，它可能就此无法翻身哦！

"大神" 独角仙

　　独角仙的标准中文名叫作"双叉犀金龟"，其实，这两个名字都"大有来头"。雄性独角仙额头中央有一个向前突出、长达二三十厘米的额角，非常醒目好认，所以人们给了它一个形象化的名字——独角仙。又因为这个额角的末端向上弯曲分叉，所以科学家给了它另一个名字——双叉犀金龟。两个名字各有特色，但在民间，"独角仙"更为人们所熟知。

　　别看独角仙有着金刚般的外表，其实它的习性相当温和。白天，它们大多在落叶堆里休息，黄昏后才爬出来活动，先找到栎树、杨树等树木，用铲状的上唇划破树皮，然后才用毛刷状的舌舔舐树汁。

嘿嘿，原来是谁先"翻车"，谁就输咯！

捉对厮杀

雄性独角仙痴迷于互相搏杀，这其中的原因，除了食物，主要就是争夺交配权。交战之初，双方先展示和摇晃额角，要是对手还不知难而退，战局就此拉开。争斗时，双方都会尝试将额角插入对手的腹部，并用力把对手掀翻。一旦出现一方"翻车"的局面，胜负即分。

短命"仙客"

这个被人们誉为"仙客"的甲虫，其实寿命极短。在野外，雄性独角仙成虫仅有短短一个月的寿命。虽然雌性的寿命"长达"三个月，但这段时间它主要是在忙忙碌碌地产卵，当繁衍接近尾声时，它的生命也走到了尽头。

附近有好几片大大小小的树林，可为什么很难见到独角仙呢？

无论是成虫还是幼虫，独角仙最喜欢的是腐殖质的潮湿环境。只有那些年代久远的森林里的落叶堆，常年无人问津，才能获得独角仙的青睐。

萌懂一刻

彩虹般的桃金吉丁

在整个昆虫界，吉丁虫家族太亮眼了，而桃金吉丁更是其中的明星。

桃金吉丁也叫彩虹吉丁虫，虫如其名，这种小甲虫的鞘翅仿佛披上了彩虹，在阳光下熠熠生辉。可贵的是，无论是在生前还是在死后，桃金吉丁的"容颜"绝不褪色。事实上，其他吉丁虫也是如此，这主要是因为吉丁虫的色彩是一种结构色——鞘翅的表面呈现一定规律的纹理，光线照射其上时，自然会产生反射、折射等光学现象，从而表现出不同的颜色。结构色不会因岁月变迁而褪色，如同宝石一般，所以吉丁虫的英文名直译就是"宝石甲虫"。

危险的 "嗜好"

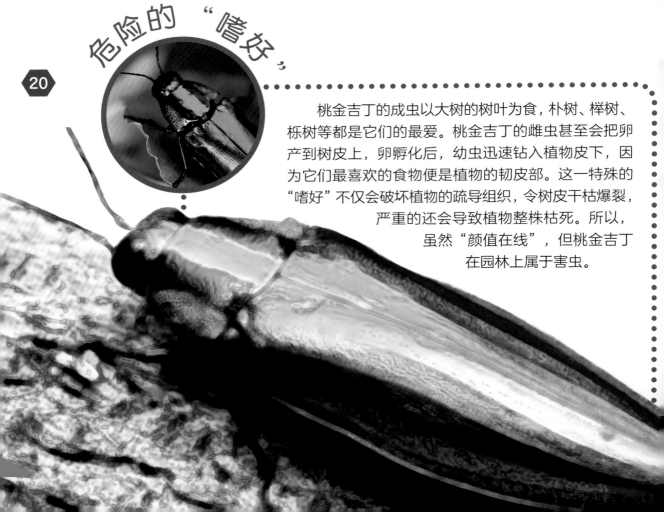

桃金吉丁的成虫以大树的树叶为食，朴树、榉树、栎树等都是它们的最爱。桃金吉丁的雌虫甚至会把卵产到树皮上，卵孵化后，幼虫迅速钻入植物皮下，因为它们最喜欢的食物便是植物的韧皮部。这一特殊的"嗜好"不仅会破坏植物的疏导组织，令树皮干枯爆裂，严重的还会导致植物整株枯死。所以，虽然"颜值在线"，但桃金吉丁在园林上属于害虫。

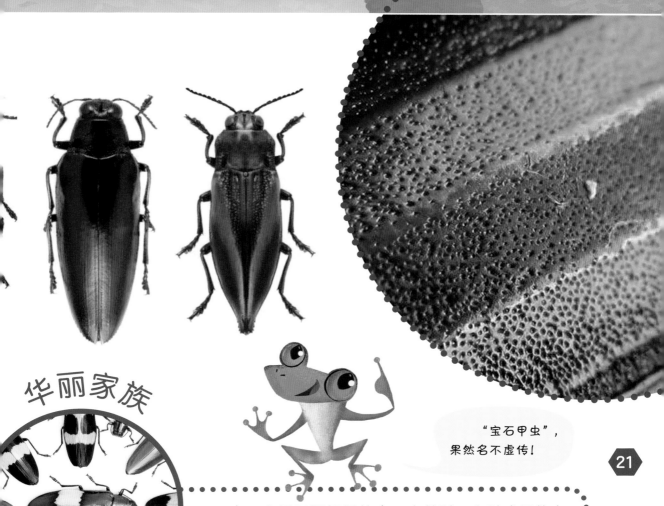

华丽家族

"宝石甲虫"，
果然名不虚传！

吉丁虫属于鞘翅目的吉丁虫总科，全科成员约有15000种，主要产于热带。吉丁虫的成虫喜欢在白天活动，通常栖息在树干的向阳部分，它们的飞行能力极强，一旦展翅飞翔，就是林子里"最靓的虫"！

动动蛙笔记

封面明星

如果你对吉丁虫感兴趣，可以去读一读《中国吉丁虫图鉴》，它的封面明星之一就是桃金吉丁哦！

"提灯笼"的萤火虫

萤火虫并不是一种昆虫，而是鞘翅目萤科所有昆虫的通称，约有 2000 多种，其中绝大多数是陆栖虫。萤火虫的身体细长而扁平，一般体长仅 1 ~ 2 厘米，它们最显著的特点是腹部末端有发光器，能发出黄绿色的亮光。不同种类萤火虫的发光器差别很大，有的位置不同，有的大小不同，有的亮度不同，有的形状不同；此外，不同种类甚至不同性别的萤火虫发出的光亮颜色也不尽相同，有的是绿色，有的是黄色，也有的是橙色，等等，并且闪烁的频率也不一样。这些都是萤火虫分类的重要特征依据。

一闪一闪藏秘密

萤火虫为什么发光呢？原来，这些亮光是萤火虫的特殊语言，它们据此传递着有用的信息。不同频率的信号有着不同的含义，有些是为了吸引异性，有些是为了相互联络，还有些则起到警告敌人的作用。

萤火虫的发光器由大量发光细胞组成。发光细胞中有两类对发光起关键作用的化学物质：一类叫荧光素，另一类叫荧光素酶。荧光素在荧光素酶的催化下发生一连串的化学反应，使大部分化学能转化为光能，同时又散发极少的热量，这就是"冷光"。人类根据上述原理，发明了荧光灯，这就是向萤火虫学习获得的成果。

短命的萤火虫

23

萤火虫一年仅繁殖一次，幼虫要生长 10 个月才能长成，而成虫的寿命仅 3~7 天。

由于环境问题，现在已很难在自然界中看到萤火虫成群地在夜空中飞舞的情形了。有些人从原生环境里捕捉成百上千只萤火虫，再把它们放飞到一个陌生的环境里，形成人为的"萤火虫夏令营"。如果是这种破坏自然生态环境的情况，请拒绝参加。

萌懂一刻

"花大姐" 七星瓢虫

　　橘黄色的身体拱起呈半个球形，上面有 7 个圆形的黑斑，就像橙色天空中的 7 颗星星，没错，它就是七星瓢虫，俗称"花大姐"。

　　七星瓢虫是害虫的天敌。棉花上的棉蚜、小麦上的麦蚜、桃树上的桃蚜，都是它们最爱吃的"点心"，并且它们的食量非常大！1 只七星瓢虫一天可以轻松吃掉 100 多只蚜虫。因此，它们在农田和果园中受到明星般的欢迎，科学家甚至会特意在蚜虫泛滥的地方培育七星瓢虫，让它们在生物防治第一线尽情施展自己的本领。

我是益虫，不要吃我！

寻找七星瓢虫

冬天的时候，七星瓢虫可能躲在向阳坡的泥土下；春天的时候，它们随着气温的上升苏醒过来，油菜地是它们喜爱的家；夏天的时候，在棉花、柳树、槐树、榆树等蚜虫侵害的植物上，都能找到七星瓢虫；到了秋天，它们要产卵或准备过冬了，可以在玉米地、萝卜地里见到它们的身影。

"波点家族"

瓢虫家族的成员可真不少！据统计，全世界共有 5000 种以上瓢虫，鞘翅的色彩、斑点或斑块的差异等，是区分不同瓢虫的主要标识。虽然绝大多数瓢虫是益虫，但二十八星瓢虫是"家族败类"，它是专门危害蔬菜的有害瓢虫。

马铃薯生病就是你害的，别以为我不知道。

自然瞭望台

瓢虫的一生

和其他鞘翅目伙伴一样，瓢虫也是完全变态昆虫，一生要经历卵—幼虫—蛹—成虫 4 个不同的发育阶段。七星瓢虫的寿命一般在七八十天，如果进入越冬期，则有可能存活至第二年。

了不起的蜣螂

蜣螂，俗称屎壳郎，属于鞘翅目金龟总科中的粪金龟亚科，总数有 2 万多种，分布在除南极洲以外的全世界。

为了更好地处理广阔土地上的动物粪便，蜣螂的头部长成了勺状，这样就方便把不同形状的粪堆捣鼓成球形，然后推回家慢慢享用。你可能觉得蜣螂这样做太恶心了，但其实这些粪便中有许多动物来不及消化的营养。蜣螂只需要守着这些粪便，就可以过上"饭来张口"的日子。对于它们来说，这就是一桩美事；对于自然界来说，有这样的清道夫来处理动物们大量的排泄物，使得环境不至于臭气熏天，实在是一件幸事。

26

孩子也喜欢吃屎

蜣螂不仅自己靠吃屎为生，它们的孩子也是如此。雌性蜣螂把粪球推回家后，会在每一颗粪球上产下一粒卵。卵孵化为幼虫后，就躺在"美味"里享受，一直到发育为成虫，才离开妈妈给的粪球，自力更生去吃屎。

最好的爸爸妈妈

通常，蜣螂们各自整理自己的粪球。但在繁殖期，雄性蜣螂会助力雌性蜣螂一起把粪球推回家。

倒推是门技术活

蜣螂推粪球的时候，是头冲下，脚朝上，像练杂技一样倒着推的。这样推的后果是，它们没办法了解路上的种种不便，有时候就会吃苦头。

倒推这门技术活，可不是谁都能学会的！

不吃屎的小伙伴

蜣螂家族中也有不吃屎的小伙伴，它们吸食植物的汁液。雌性产卵也不产在粪球里，而是产在腐叶或者腐殖土里。

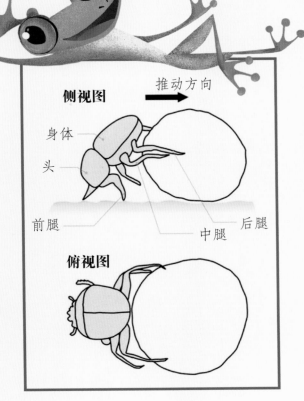

推动方向

侧视图

身体
头
前腿
中腿
后腿

俯视图

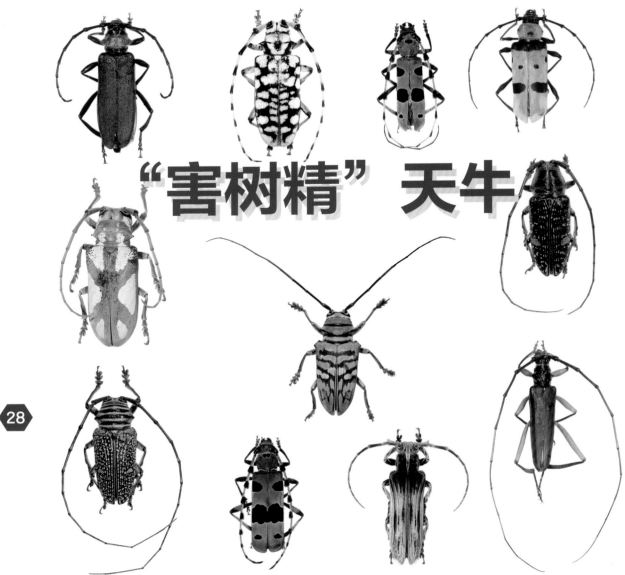

"害树精" 天牛

天牛，是鞘翅目多食亚目天牛科昆虫的总称，世界上有 2 万多种。它们色彩丰富，体形多样，小的体长只有三四毫米，大的能有 60 多毫米。从外观来看，天牛最出挑的是那一对神气的鞭状触角。但是，天牛是害虫。它们天生以植物为食，不管是花蜜还是花粉，也不管是树皮还是树液，甚至是树枝、树干和树根，都在各种天牛的食谱上。在世界的每个角落，只要有木本植物存在，就有天牛相随，当然，热带地区因为植物更多，天牛的分布也最为广泛。

好可怕！天牛的幼虫竟然是"大魔王"！

幼虫最有害

天牛羽化后经过短暂休息，便开始疯狂补充营养，同时，寻找对象开始交配，雌虫在交配三四天后就可以产卵。由于天牛成虫的寿命很短，少则十来天，多则几十天，因此，虽然它们在补充营养环节会啃食树木的嫩梢和树皮，但毕竟时间短，相比之下危害不算太大。而幼虫的整个生长过程长达几个月，甚至还有三四年的，在这段时间里，随着幼虫的蜕皮长大，大树的树皮、韧皮部、木质部依次成为天牛幼虫的食物。植物就用这样的"牺牲"换来了天牛的"新生"。

天敌来防治

生物防治天牛是最有效、最环保的方法。天牛在自然界有许多天敌，如啄木鸟、喜鹊等鸟类，壁虎、蜥蜴等爬行类动物，还有不少寄生天敌，如肿腿蜂等寄生蜂以及寄生线虫等。我们可以很好地利用这些动物来遏止天牛对植物的侵害。

甲虫 "角斗士"

　　大甲虫大多外表强悍，于是一些昆虫爱好者在把它们当作宠物饲养后，又"鼓动"它们奔赴角斗场捉对"厮杀"。其中，独角仙、大扁锹和长戟大兜虫是大家最为推崇的"武士"。

　　其实，这真正是"赶鸭子上架"，因为这三种甲虫是完全植食性的，它们看似威风凛凛，其实头上的"利器"并不是用来打斗的，大多数时候只是帮助它们获得树液的工具。当然，在争夺交配权的特殊时刻，每一只雄性都不会轻易放弃竞争，那时的厮杀是难以避免的，即使落败，也是自然界优胜劣汰的结果。

动动蛙笔记 ▶ "爱好和平"的甲虫

　　甲虫虽然穿着战袍，但其实它们大多数属于温柔一族。事实上，那根本不是战袍，而是保护自己的铠甲。

独角仙大战大扁锹

独角仙在与同类打架时，习惯将自己长长的角插入对手的身体腹部，用大力来掀翻敌人，而大扁锹常用的是那对大颚。因此，体形相当的大扁锹通常还没准备好，就被独角仙在腹部"猛插一杠"，直接撩起身体痛甩出去。不过，如果大扁锹有丰富的"作战"经验，始终不让对手的长角寻得破绽，则赢面较大。

长戟大兜虫单挑独角仙

这可不是一场势均力敌的角斗。相比长戟大兜虫的体形，独角仙似乎完全不是对手。不过，顽强的小家伙仍可为此一搏。反观，大兜虫虽天生蛮力，但它的长戟只能像推土机一样把独角仙一路推开。鹿死谁手，还真不好说。

蝎子对战长戟大兜虫

在同类竞争中不落下风的长戟大兜虫，在面对体形相当的蝎子时，却完全不是对手。这也难怪，毕竟大兜虫是吃素的，而蝎子本来就是凶残的掠食者，而且蝎子的身体更灵活，这也让大力士无可奈何。

鞘翅时尚秀

鞘翅目的甲虫是昆虫界的"时髦精"，旗下的步甲、叩甲、金龟子、吉丁、锹甲等都有着俏丽的外观、出众的相貌。倘若你在野外与它们偶遇，请记得保持距离，静静地观赏哦！